超可愛！

杯子蛋糕

【暢銷新版】

甜蜜手作書

前言 Foreword

現今，
美式磅蛋糕與創意翻糖造型杯子蛋糕
在台灣市場越來越流行，
特別是年輕族群的消費大眾
接受度特別高。

但，大家對「翻糖（Fondant）」這個食材了解多少呢！？
相信抱持著高度興趣抑或是不顧一切投入其中的人，仍為少數。

嚴格來說，翻糖很甜，
比一般市售鮮奶油蛋糕的甜度高出許多。
但它的價值在於
如何巧妙運用糖衣製作手工捏花、各式各樣造型，
使蛋糕如同藝術品般精緻、華麗、令人讚嘆，
希望讓特別的日子有點甜！有點不同以往的感受與感動！

希望本書能為熱愛手作創意翻糖造型杯子蛋糕的朋友們盡一點心力，
我盡可能將可愛與時尚的元素進行完美結合
並且延伸出多種創意搭配，
試著讓讀者們了解，並且進一步自行設計出更多樣的造型。

從小，每當特別紀念日來臨時，
都會想些特別的紀念方式或是活動，
為這些日子增添更美好的回憶，
這個習慣，我至今從未改變！

也希望這本書從此能為大家帶來不同以往的專屬節日，
為幸福更錦上添花。

2010 年，我的人生激起了不一樣的漣漪，
畢業、投入職場、辭職、創業。
這一切對我來說不容易，
過程中的不愉快與煩悶也只能與家人、摯友們傾訴，
同時希望這本書能帶給跟我一樣想創業的朋友們
一些激勵與感動。

將本書獻給一直在我身邊支持著我的家人、摯友與工作夥伴們！

寫於 MooQcupcake 工作室

目錄 Contents

PART 1 杯子蛋糕繽紛樂

PART 2 MooQ 的創業足跡

目錄 Contents

PART **3** 感動小故事

食用方式

☑ MooQ蛋糕常溫可放置半天（水果、紅豆、芋頭類2小時）
如果您不打算馬上吃完，請將蛋糕連同杯子～
或放在緊密的容器裡放入冷藏，保存期限3天。

☑ 奶油冰過口感會稍微硬，食用前請放置常溫退冰，
放置常溫後即可恢復蛋糕原有彈性！
蛋糕冷藏越久口感越乾，請儘早食用喔！

PART
杯子蛋糕繽紛樂

如果你以為杯子蛋糕永遠只能以巧克力醬或是奶油霜裝飾，那可就大錯特錯囉！結合色彩繽紛的翻糖藝術，我們就能為蛋糕增添更多變化，無論是平面圖案或是立體造型，都能製作得維妙維肖，更重要的是美觀與美味同時兼具！

歡樂慶生派對杯子蛋糕組

這款杯子蛋糕的製作方式簡單，但卻能與眾多親友分享生日的喜悅。繽紛多樣的底紙色彩搭配，不僅豐富了整體視覺畫面，擺設也因此變得更活潑可愛。

13個杯子蛋糕、奶油霜、翻糖（粉紅、咖啡）

工具

擀麵棍、英文字模、圓口花嘴（直徑1.5cm）、圓切模（直徑4cm）

步驟

1. 將粉紅色翻糖擀平，用圓切模切出13個圓片備用。
2. 將咖啡色翻糖擀平，用英文字模切出H、A、P、P、Y、B、I、R、T、H、D、A、Y共13個字母。
3. 英文字母放在粉紅圓片上。
4. 擠花袋剪一小角套入圓口花嘴並填裝奶油霜。
5. 繞著蛋糕周圍擠一圈奶油霜。
6. 最後，將圓片放到奶油霜上即可完成。

小技巧

放在奶油霜上的粉紅圓片，擀平時建議保留一些厚度，千萬別擀得太薄唷！

浪漫玫瑰花朵
杯子蛋糕

你相信嗎？杯子蛋糕上細緻可愛的紅玫瑰裝飾，輕而易舉就能製作出來！
品嚐這款杯子蛋糕的同時，就像置身於歐式花園享用下午茶一樣，輕鬆恣意。

杯子蛋糕、奶油霜、翻糖（粉紅、白、紅、綠）

工具

奶油抹平刀、擀麵棍、圓口花嘴（直徑1cm）、圓切模（直徑7cm）、愛心壓模、雕塑刀

步驟

1. 奶油抹平刀取一些奶油霜平均抹在杯子蛋糕表面，讓奶油霜形成圓弧狀放入冰箱備用。
2. 粉紅色翻糖擀平，用圓切模切出圓形底並鋪到杯子蛋糕上（白色翻糖步驟也一樣）。
3. 紅色翻糖擀平，用圓口花嘴切出五片小圓片。
4. 將五片小圓片交疊成一直線，慢慢捲起來然後對半切開。
5. 綠色翻糖用愛心模切出愛心片，中間用刀背輕壓，放到玫瑰花下方。
6. 將玫瑰花放到杯子蛋糕中間。
7. 最後，裝飾點點或線條即可完成。

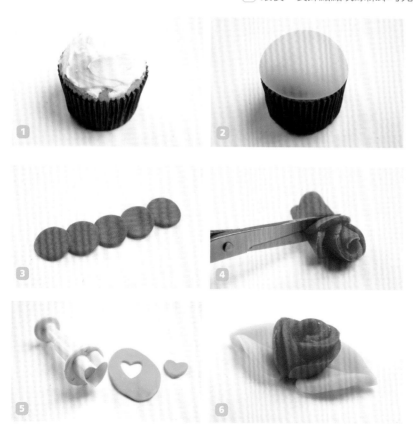

小技巧

用兩種大小不同的小花切模，壓出白色與粉紅色小花，相疊之後放在調色盤容器中，待乾燥後即可形成自然的彎曲感。

嬌豔欲滴的草莓杯子蛋糕

草莓，想必是許多嗜吃甜點者的最愛。
這一組杯子蛋糕呈現出平面與立體的草莓設計，
更特別的是，就連草莓蒂頭與枝蔓也都做得唯妙唯肖唷！

材料

杯子蛋糕、奶油霜、翻糖（白、紅、綠、黑）

工具

擀麵棍、雕塑刀、花邊切模（直徑 6cm）、愛心切模、小花切模

平面草莓步驟

1. 白色翻糖擀平，用花邊切模切出白底備用。
2. 紅色翻糖擀平，用愛心切模切出一片愛心形狀。
3. 用小花切模切出一朵綠色小花，並在中間壓個小洞。
4. 綠色翻糖搓成長條水滴狀，放在葉子中間做成梗。
5. 最後，裝飾草莓上的黑色小點。

材料

杯子蛋糕、奶油霜、翻糖（白、紅、綠）

工具

擀麵棍、雕塑刀、花邊切模（直徑 6cm）、小花切模

立體草莓步驟

1. 白色翻糖擀平，用花邊切模切出白底備用。。
2. 粉紅色翻糖搓成立體水滴形狀，做成草莓的身體。
3. 刀尖輕壓出凹痕，做成草莓籽。
4. 用小花切模切出花瓣，並在中間壓個小洞。
5. 綠色翻糖搓成長條水滴狀，放在葉子中間做成梗。
6. 最後，將葉子放在草莓上即完成。

粉嫩圓點點杯子蛋糕

圓點向來是最百搭的幾何圖案，總能創造出許多規律卻不失趣味的畫面。
運用大圓與小圓的疊合創意，一下子就能將杯子蛋糕妝點得輕柔可愛。

材料

杯子蛋糕、奶油霜、翻糖（白、紅、綠）

工具

擀麵棍、圓切模（直徑 6cm）

步驟

1. 紅色翻糖擀平，用圓切模切出圓形底備用。
2. 手搓出 5 個小圓，放到紅底翻糖上壓扁，即可完成。

小技巧

如果切模之後，發現圓形周圍不夠平整，可
用整形器材稍微整平。

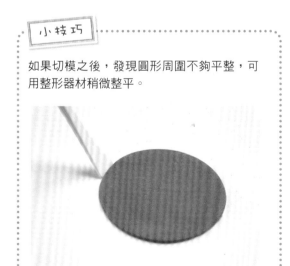

蘑菇草原杯子蛋糕

瑪莉兄弟吃了蘑菇之後，可以瞬間增強能力。
套用到現實生活中，如果吃下蘑菇造型的杯子蛋糕，
或許也可以帶來一整天的好運氣唷！

材料

杯子蛋糕、奶油霜、翻糖（白、紅、綠）

工具

擀麵棍、雕塑刀、剪刀、圓切模（直徑 6cm）

步驟

1. 綠色翻糖擀平，用圓切模切出圓片。
2. 用剪刀剪出草原的細部形狀。
3. 白色翻糖搓成橢圓形狀做成蘑菇基部。
4. 紅色翻糖搓成一個大圓形狀，用剪刀剪掉 1/3 做成蘑菇頭。
5. 使用雕塑刀在蘑菇頭底下鑽個小洞。
6. 將蘑菇頭放到蘑菇基部上。
7. 最後，用白色點點裝飾蘑菇頭即完成。

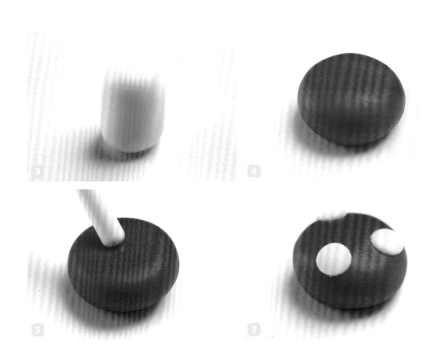

微笑暖陽杯子蛋糕

為杯子蛋糕鋪上一床藍天，上面躺著潔淨白雲與鵝黃暖陽，
彷彿可以看見陽光灑落大地的畫面。
珍惜地小口小口品嚐的同時，正向力量也正源源不絕地注入唷！

材料

杯子蛋糕、奶油霜、翻糖（白、橘、黃、藍）

工具

擀麵棍、圓切模（直徑 3cm、直徑 6cm）、
圓口花嘴（直徑 1cm）

步驟

1. 藍色翻糖擀平，用直徑 6cm 圓切模切圓形底備用。
2. 白色翻糖擀平，用圓口花嘴切出雲朵形狀。
3. 橘紅色翻糖擀平，用直徑 3cm 圓切模切出圓形。
4. 黃色翻糖擀平，用圓口花嘴切出圓形。
5. 將黃色小圓放置於橘紅色圓上。
6. 用剪刀剪出太陽的光芒形狀。
7. 最後，為太陽裝飾五官放置雲朵上即完成。

雨後的彩虹杯子蛋糕

雨水滋養大地，將塵埃與煩惱一併洗滌而去。
雨過天晴，遠方山邊的彩虹像是默默地為每一個人加油打氣—
嘿，別放棄，要繼續對未來抱持著希望唷！

材料

蛋糕、奶油霜、翻糖（白、紅、橘、黃、綠、紫、藍）

工具

擀麵棍、雕塑刀、圓切模（6cm）、圓花嘴（1cm）

雨滴步驟

1. 白色翻糖擀平，用圓切模切圓形底備用。
2. 藍色翻糖擀平用圓花嘴切出雲朵形狀。
3. 藍色翻糖搓六個水滴狀，擺在雲朵下方即完成。

小技巧

如果希望讓雨滴呈現出更多變化，除了使用藍色翻糖搓出水滴外，也可以加入白色翻糖調出淺藍色的雨滴唷。

彩虹步驟

1. 藍色翻糖擀平，用圓切模切圓形底備用。
2. 白色翻糖擀平，用圓花嘴切出兩個大小不同雲朵形狀。
3. 準備五種不同顏色翻糖擀成平面切出長條形狀。
4. 將五片彩色長形一片靠著一片擺好捏出彎度。
5. 最後將雲朵放置彩虹上即完成。

氣球與留言板杯子蛋糕

有時候，總有無法當面向對方説出口的話吧？！
例如，埋藏在心中的甜蜜告白，或是遲遲無法放下自尊的一句道歉，
或許可以考慮透過留言版杯子蛋糕傳遞最想説的話唷！

材料

杯子蛋糕、奶油霜、翻糖（白、紅、黃、藍、紫、咖啡）

工具

擀麵棍、雕塑刀、圓切模（直徑 6cm）、圓口花嘴（直徑 1cm）

氣球步驟

1. 藍色翻糖擀平，用圓切模切圓形底備用。
2. 粉紅色翻糖搓成水滴狀後，將它擀成平面。
3. 搓出一個水滴型粉紅色翻糖，擺在氣球尾端。
4. 氣球底下加上一條微彎的咖啡色線。
5. 最後，再加上白色驚嘆號顯示光澤感。

材料

杯子蛋糕、奶油霜、翻糖（黃、藍、紫、黑）

工具

擀麵棍、雕塑刀、剪刀、花邊切模

留言板步驟

1. 粉紅色翻糖擀平，用直徑 6cm 花邊切模切圓形底備用。
2. 黃色翻糖擀平，切成長方型（長 4cm、寬 3cm）。
3. 利用刀尖，在長方形周圍戳滿點點。
4. 藍色及黃色翻糖分別搓成兩條長條。
5. 將兩條翻糖慢慢滾成辮子狀，放到黃色留言板下方。
6. 黑色翻糖搓成水滴狀，用剪刀剪平。
7. 將黑色尖頭與辮子結合即完成。

糖果樂園杯子蛋糕

五彩繽紛的花俏糖果，應該沒有人足以抵抗這股強大誘惑。
將糖果設計與杯子蛋糕結合，
設計出這款視覺上甜上加甜的美味甜點！

材料

杯子蛋糕、奶油霜、翻糖（白、紅、綠、藍、橘）

工具

擀麵棍、雕塑刀

步驟

1. 橘色翻糖擀平，用直徑 6cm 花邊切模切圓形底備用。

2. 藍色翻糖搓成一個圓，慢慢調整成一個正方形並用雕塑刀稍微壓出自然凹陷感。

3. 在正方形的兩邊用刀尖各搓出一個小洞。

4. 將藍色翻糖擀平，切成兩片約 3cm 長條形，做出兩個小摺邊。

5. 放入 3 的小洞裡，組合完成。

小花與蝴蝶杯子蛋糕

這一次,我們把整座花園搬到杯子蛋糕上!
雞蛋花、彩色的小菊花紛紛綻放,蝴蝶張開翅膀穿梭飛舞,
氣氛頓時變得輕盈芬芳。

杯子蛋糕、奶油霜、翻糖(白、綠、紫)、
黃色色膏

工具

擀麵棍、雕塑刀、愛心切模、葉子切
模、花紋壓片、圓切模(直徑6cm)、
剪刀、水彩筆

小技巧

愛心切開後有一些多餘的菱
角，可用剪刀修順。

雞蛋花步驟

1. 紫色翻糖擀平，用花紋壓片壓出紋路，再利用圓切模切出圓形底備用。

2. 綠色翻糖擀平，用葉子切模切出葉片備用。

3. 白色翻糖擀平，用水滴模切出五片水滴。

4. 五片水滴交疊擺放，將第一片擺到最後一片上面形成漏斗狀，用剪刀剪去尾巴多餘部分。

5. 利用水彩筆沾一點黃色色膏，點綴花朵中心，營造出花粉的感覺。

6. 將葉子放在雞蛋花下方，再放到紫色花邊底上即完成。

材料

杯子蛋糕、奶油霜、翻糖(白、黃、紫、綠)

工具

擀麵棍、雕塑刀、蝴蝶壓模、花朵壓
模、花邊切模(直徑6cm)

蝴蝶步驟

1. 黃色翻糖擀平，用花邊切模切花邊底備用。

2. 紫色翻糖擀平，用蝴蝶切模切出蝴蝶狀，在中間點綴黃色翻糖圓點點。

3. 綠色翻糖擀平，用花朵切模切出一片花朵，在中心點加上黃色花蕊

4. 將蝴蝶、花朵放到黃色花邊底上即完成。

中英日韓
國旗杯子蛋糕

33

外國朋友來訪時，若能招待他們家鄉的國旗主題杯子蛋糕，
想必足以一解思鄉之情，更能增進彼此之間的感情！
這些國旗的製作方式相當簡單，而且使用三種顏色的翻糖即可完成。

材料

杯子蛋糕、奶油霜、翻糖（白、紅、藍）

工具

擀麵棍、雕塑刀、圓口花嘴（直徑
1.5cm）、圓切模（直徑 6cm）、剪刀

中華民國國旗步驟

1 紅色翻糖擀平，用圓切模切圓片備用。

2 藍色翻糖擀平，用圓切模切出圓，接著將圓片切割成四等分，取
其 1/4 放到紅圓片上。

3 白色翻糖擀平，使用圓口花嘴切出圓片，放到藍色翻糖上。

4 白色翻糖擀平，切出一條寬 4cm 的長條形，利用剪刀剪出十二
片小三角形，平均繞著白色圓翻糖擺放即完成。

2

4

材料

杯子蛋糕、奶油霜、翻糖（白、紅、藍）

工具

擀麵棍、雕塑刀、圓切模（直徑 6cm）

英國國旗步驟

1. 白色翻糖擀平，用圓切模切圓形底備用。
2. 紅色翻糖擀平，用雕塑刀切兩條 0.5cm 長條形，交叉成十字放到白色圓片中心。
3. 紅色翻糖擀平，用雕塑刀切兩條 0.2cm 長條形，用剪刀剪四段對稱 45 度角放到白色翻糖上。
4. 藍色翻糖擀平，用圓切模切圓片，將圓片切割成八等分再依照比例調整，最後放到白色翻糖上即完成。

材料

杯子蛋糕、奶油霜、翻糖（白、紅、藍、黑）

工具

擀麵棍、雕塑刀、圓口花嘴（直徑 1.5cm）、
圓切模（直徑 3cm、直徑 6cm）

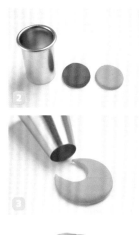

小技巧

在切圓頭時只能用半圓的力量切喔！

1. 白色翻糖擀平，用直徑 6cm 圓切模切出圓形底備用。
2. 紅色翻糖擀平，用直徑 3cm 圓切模切出圓形。
3. 用直徑 1.5cm 圓口花嘴切出一個圓缺口成月亮形狀。
4. 在月亮形狀接近中間處用直徑 1.5cm 花嘴切出圓頭。
5. 藍色翻糖作法一樣。
6. 將紅、藍色翻糖靠一起成圓形放在白底中間。
6. 最後加上黑色線條即完成。

飛向宇宙！太空梭杯子蛋糕

喜好太空科技、宇宙探險的朋友，看到這款杯子蛋糕絕對會驚叫連連！
栩栩如生的外型，以及點綴其下的星芒線條，
為人類前進外星球增添了更多想像。

材料

杯子蛋糕、奶油霜、翻糖（白、藍、黑）

工具

擀麵棍、雕塑刀、圓切模（直徑 6cm）、剪刀

步驟

1. 藍色翻糖擀平，用圓切模切出圓形底備用。
2. 白色翻糖搓揉出約 4cm 橢圓形，製作機身。
3. 用剪刀將橢圓的一頭剪平，用手捏出尖尖的尾翼。
4. 白色翻糖稍微擀平，用刀切出兩個三角形製作機翼。
5. 用黑色翻糖搓出兩條細長條形，圍繞在機翼上方。
6. 將機翼與機身組合。
7. 用黑色翻糖搓揉出三個小圓點。
8. 其中一個黑圓點用擀麵棍擀平，將它放在機頭的中下部分。
9. 另外兩個黑圓點揉成長條狀，並排放在尾翼。
10. 黑色翻糖擀平，切出八個小正方形及兩個大正方形。
11. 其中四個小正方形間隔排成直線放到機身（另外四個作法相同）。
12. 另外兩個大正方形放在機頭。
13. 最後，將飛機放在 1 的藍色圓片上即完成。

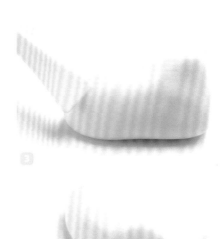

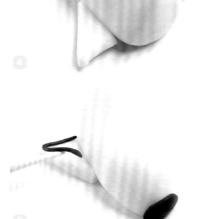

立體動物世界杯子蛋糕

小朋友想必會對這組杯子蛋糕尖叫連連、手舞足蹈！
立體的動物造型，只要使用各種顏色的翻糖就可以揉捏成形，
由於需要不斷微調，製作難度比前面幾款困難些。

材料

杯子蛋糕、奶油霜、翻糖（白、綠、橘、咖啡、黑）

工具

擀麵棍、雕塑刀、花邊切模（直徑 6cm）、剪刀

恐龍步驟

1. 咖啡色翻糖擀平，用花邊切模切出花邊底備用。
2. 綠色翻糖搓出水滴狀，尖端要稍微拉長一些做出身體。
3. 綠色翻糖搓出四個水滴狀，尖端用手稍微壓扁，再用雕塑刀畫四刀做出指頭形狀個別黏合在身體上。
4. 綠色翻糖搓一個水滴狀，尖端稍微用手壓扁做出頭型。
5. 橘色翻糖桿成平面切出長條狀，用剪刀剪出連續三角形，黏合在身體上。
6. 最後裝飾五官即完成。

小技巧

在剪連續三角形的時候不要一刀剪到底，有一邊要留 0.1cm 才能保持連續不斷。

材料

杯子蛋糕、奶油霜、翻糖（白、紅、黃、橘、黑）

工具

擀麵棍、雕塑刀

小鳥步驟

1. 橘色翻糖擀平，用花邊切模切出花邊底備用。
2. 藍色翻糖搓成水滴形狀，尖端用手稍微壓扁，用雕塑刀畫出羽毛形狀，做出小鳥身體。
3. 取兩個藍色翻糖小球搓揉成水滴狀擀平，尖端用雕塑刀畫出羽毛形狀，做成小鳥翅膀。
4. 將翅膀黏合在身體兩側。
5. 取一個白色小圓球擀平，黏合在身體上。
6. 藍色小球沾水與身體上下黏合。
7. 最後，裝飾五官即完成。

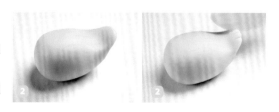

杯子蛋糕、奶油霜、翻糖（白、粉紅、橘、藍、綠、黑）

工具

擀麵棍、雕塑刀、花邊切模（直徑 6cm）

烏龜步驟

1. 粉紅色翻糖擀平，用花邊切模切出花邊底備用。
2. 藍色翻糖搓成四個水滴狀，製作烏龜的腳。
3. 綠色翻糖同樣搓成水滴狀。
4. 底部中間用大拇指壓出凹洞，做成烏龜的殼，將烏龜的殼放到腳上面。
5. 用刀背在烏龜的殼上壓出一道凹痕。
6. 藍色翻糖搓成水滴狀，圓頭部分稍微折一個彎，與烏龜殼結合。
7. 取幾個橘色小點點裝飾龜殼。
8. 最後，裝飾五官即完成。

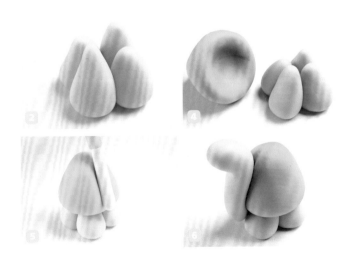

杯子蛋糕、奶油霜、翻糖（白、粉紅、黑、綠）

工具

擀麵棍、雕塑刀、剪刀、花邊切模（直徑 6cm）

小豬步驟

1. 綠色翻糖擀平，用花邊切模切出花邊底備用。
2. 粉紅色翻糖搓成橢圓形，用剪刀上下各剪兩刀，將四肢往上彎曲扶正坐好。
3. 深粉紅色翻糖搓兩個小圓，用剪刀對剪成兩個半圓（共四個），分別放在四肢前端，再用刀輕壓做出豬蹄感。
4. 在小豬屁股用刀尖搓出一個小洞。
5. 用粉紅色翻糖搓一個小圓揉成長條狀，放到小洞做成尾巴。
6. 粉紅色翻糖搓出較大橢圓形做頭。
7. 深粉紅色翻糖搓兩個小圓球壓扁，用剪刀將一端剪平，將其黏合到豬的頭上，用手稍微壓輕做出耳朵摺痕。
8. 深粉紅色翻糖搓小橢圓壓扁放在豬的頭中間，用刀尖搓兩個洞做鼻子。
9. 最後裝飾眼睛即完成。

材料

杯子蛋糕、奶油霜、翻糖（白、紫、黑、咖啡）

工具

擀麵棍、雕塑刀、花邊切模（直徑 6cm）

小熊步驟

1. 紫色翻糖擀平，用花邊切模切出花邊底備用。
2. 咖啡色翻糖搓成水滴形狀做小熊身體。
3. 取兩個圓球，搓揉長橢圓形狀，從中間斜切一刀得到小熊四肢，將四肢與身體黏合。
4. 取四個淺咖啡色小球，用刀頭壓扁平黏貼在四肢上。
5. 取一個咖啡色圓球，搓揉成橢圓形狀做小熊頭。
6. 取兩個咖啡色圓球及兩個較小的淺咖啡色圓球，將小圓球放置在大圓球上方，用刀頭壓扁平黏貼在小熊頭頂兩邊做耳朵。
7. 最後，裝飾五官即完成。

杯子蛋糕、奶油霜、翻糖（白、紅、黑）

工具

擀麵棍、雕塑刀、花邊切模（直徑 6cm）

大象步驟

1. 藍色翻糖擀平，用花邊切模切出花邊底備用。
2. 灰色翻糖搓成水滴形狀，注意尖端要長一點用來製作大象的長鼻。
3. 搓兩個小水滴形狀，擀平做成大象耳朵。
4. 灰色翻糖搓一個橢圓形，頭尾用剪刀各垂直剪一刀得到大象四肢。
5. 在大象屁股用刀尖搓出一個小洞。
6. 用灰色翻糖搓一個小圓揉成長條狀，放到小洞做成尾巴。
7. 將大象的頭與身體組合起來。
8. 最後裝飾五官、蝴蝶結即完成。

平面動物園杯子蛋糕

如果覺得立體款的動物杯子蛋糕偏難，
建議先嘗試接下來要介紹的平面款動物杯子蛋糕。
將各種動物的特色呈現在杯子蛋糕的圓形平面，小巧可愛、相當討喜。

材料

杯子蛋糕、奶油霜、翻糖（白、紅、橘、黃、黑、藍）

工具

擀麵棍、雕塑刀、圓切模（直徑 6cm、直徑 4cm）、花邊切模（直徑 6cm）

獅子步驟

1. 藍色翻糖擀平，用圓切模切圓形底備用。
2. 橘色翻糖擀平，使用花邊切模切出形狀做出獅子鬃毛。
3. 黃色翻糖擀平，使用直徑 4cm 圓形切模切出形狀，做出獅子的臉。
4. 搓兩個小水滴做成耳朵，用刀尖端稍微壓出折痕。
5. 最後，裝飾五官即完成。

材料

杯子蛋糕、奶油霜、翻糖（白、紅、黑、咖啡、粉紅）

工具

擀麵棍、雕塑刀、圓切模（直徑 6cm）

兔子步驟

1. 咖啡色翻糖擀平，用圓切模切圓形底備用。
2. 白色翻糖搓成一個大橢圓形狀，擀成平面做兔子臉。
3. 白色翻糖搓成兩個小水滴形狀，擀成平面擺在兔子臉下方做耳朵。
4. 粉紅色翻糖搓兩個小水滴形狀，擀成平面做耳朵腮紅。
5. 最後，裝飾五官即完成。

材料

杯子蛋糕、奶油霜、翻糖（白、紅、黃、黑）

工具

擀麵棍、雕塑刀、圓切模（直徑 4cm、直徑 6cm）

小豬步驟

1. 黃色翻糖擀平，用直徑 6cm 圓切模切圓形底備用。
2. 使用白色與紅色翻糖調出小豬的膚色。
3. 將粉紅色翻糖擀平，利用直徑 4cm 圓切模切出圓形底備用。
4. 深粉紅色翻糖搓兩個小圓球壓扁，用剪刀將一端剪平，將其黏合到豬的頭上，用手稍微壓輕做出耳朵摺痕。
5. 搓一個橢圓形狀的粉紅色翻糖，桿平做成鼻子。
6. 最後，裝飾五官即完成。

材料

杯子蛋糕、奶油霜、翻糖（白、紅、黑）

工具

擀麵棍、雕塑刀、圓切模（直徑 4cm、6cm）

河馬步驟

1. 粉紅色翻糖擀平，用直徑 6cm 圓切模切圓形底備用。
2. 灰色翻糖擀平，利用直徑 4cm 圓切模切出圓形。
3. 使用雕塑刀切出「8」的形狀，做出河馬的臉。
4. 搓四個圓，分別當作河馬耳朵及鼻子。
5. 用刀尖稍微壓出折痕。
6. 最後，裝飾五官即完成。

小技巧

大象、斑馬形狀較不規則，大家可以先在翻糖上輕描出輪廓再切割。

▲大象　　　　▲斑馬

奶油杯子蛋糕

質地鬆軟綿密的特色奶油，在杯子蛋糕上繞出曼妙曲線。
如果搭配使用特色壓模，製作出畫龍點睛的可愛小物，
更能為整體杯子蛋糕增添新奇口感。

材料

杯子蛋糕、奶油霜（粉藍）、翻糖（白）

工具

擀麵棍、雪花切模

雪花步驟

1. 在杯子蛋糕擠上粉藍奶油。
2. 白色翻糖擀平，用雪花切模切出雪花狀。
3. 將雪花片交錯放到奶油上即完成。

材料

杯子蛋糕、奶油霜（粉紅）、翻糖（粉紅、紅）

工具

擀麵棍、愛心切模、雪花切模、蝴蝶切模

愛心步驟

1. 在杯子蛋糕擠上粉紅奶油。
2. 粉紅色翻糖擀平，用愛心切模切出大小不同的愛心（紅色翻糖作法相同）。
3. 將愛心片交錯放到奶油上即完成。

材料

杯子蛋糕、奶油霜（粉黃）、翻糖（粉紅、粉紫）

工具

擀麵棍、蝴蝶切模

蝴蝶步驟

1. 在杯子蛋糕擠上粉黃奶油。
2. 紫色翻糖擀平，用蝴蝶切模切出蝴蝶狀（紅色翻糖作法相同）。
3. 將蝴蝶交錯放在奶油上即完成。

奶油蛋糕與禮物
造型杯子蛋糕

如果將雙層生日蛋糕縮小尺寸，變成杯子蛋糕的小巧模樣，吃起來輕鬆無負擔。
此外，還可以搭配製作禮物造型的款式，
不只壽星能收到禮物，親朋好友也能分享這份喜悅喔！

背面

材料

杯子蛋糕、奶油霜、翻糖（白、紅、橘、黃、藍）

工具

擀麵棍、雕塑刀、圓切模（直徑 3cm、直徑 4cm）、花邊切模（6cm）

蛋糕步驟

1. 藍色翻糖擀平，用花邊切模切出花邊底備用。
2. 白色翻糖擀至 3cm 厚度，用直徑 4cm 圓切模切出立體圓形當成蛋糕底層。
3. 白色翻糖擀至 2cm 厚度，用直徑 3cm 圓切模切出立體圓形當成蛋糕上層。
4. 將小圓放置大圓之上。
5. 粉紅色翻糖擀至 2mm 寬度，切出長條形圍著小圓底部繞一圈，多餘的部分用剪刀修去
6. 最後，加上蝴蝶結再裝飾彩色小圓點即完成。

小技巧

盡力調整出禮物盒的八個直角，這樣才會比較逼真。

調整後

調整前

情人節杯子蛋糕

情人節是表達自己心意的最佳時機，親手製作杯子蛋糕如何呢？
以手作的溫度營造浪漫氛圍，收到的人也會擁有滿滿的感動與美
好回憶。

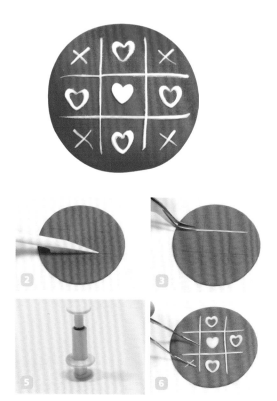

材料

杯子蛋糕、奶油霜、翻糖（紅、白）

工具

擀麵棍、雕塑刀、愛心切模（中型 & 小型）、鑷子、
圓切模（直徑 6cm）

井字愛心步驟

1. 紅色翻糖擀至 3 公厘厚度，用圓切模切出圓形底
   備用。
2. 用雕塑刀輕輕在紅色翻糖上劃出井字。
3. 將白色翻糖搓出 4 條細線，排在紅色翻糖的井
   字上。
4. 白色翻糖擀平，用中型的愛心切模壓出 5 個愛
   心。
5. 將小型的愛心切模壓在 4 的愛心上方，做出 4
   個空心的愛心。
6. 最後，用白色細線做出 × 型，將圖案依序排在
   空格處即完成。

材料

杯子蛋糕、奶油霜、翻糖（紅、白、黑）

工具

擀麵棍、雕塑刀、愛心切模、英文字模、鑷子、圓切模（直徑 6cm）

LOVE愛心步驟

1. 白色翻糖擀至 3 公厘厚度，用圓切模切出圓形底備用。
2. 紅色翻糖擀平，用愛心切模壓出心型。
3. 將愛心擺在圓形底上，將黑色翻糖搓成細線，圍繞在愛心周圍。
4. 黑色翻糖擀平，用英文字模切出 LOVE 字樣。
5. 將白色翻糖切出寬 1.5cm、長 7cm 的長方形，從任意一邊切出
   分岔。
6. 將白色長方形切成三段（中間一段要能放下 LOVE 字樣），再排
   在愛心上，並用黑色細線圍繞。
7. 最後，放上 LOVE 即完成。

杯子蛋糕、奶油霜、翻糖（紅、粉紅、白、黑）

擀麵棍、鑷子、圓切模（直徑6cm）

1. 白色翻糖擀至 3 公厘厚度，用圓切模切出圓形底備用。
2. 將紅色翻糖和粉紅色翻糖，搓出一大一小的圓球。
3. 用擀麵棍將 2 個圓球擀成橢圓形狀，放在白色圓形底上。
4. 將黑色翻糖搓成細線，做出手和腳的模樣。
5. 最後，用黑色翻糖點綴眼睛和嘴巴，並將紅色翻糖搓成的細線，排出愛心即完成。

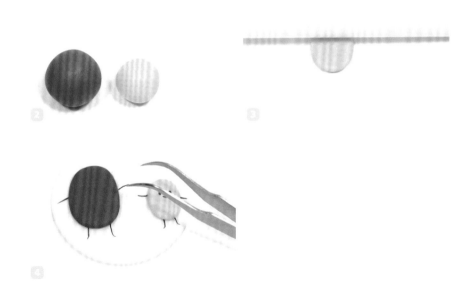

柔美立體蝴蝶結杯子蛋糕

簡單地在杯子蛋糕上放置一個大蝴蝶結，粉嫩柔滑的翻糖，令人忍不住想嚐一口。
這款杯子蛋糕特別適合用於需要營造浪漫氣氛的場合，總能使人感到溫暖喔。

材料

杯子蛋糕、奶油霜、翻糖（粉紅）

工具

奶油抹平刀、擀麵棍、圓切模（直徑 7cm）、雕塑刀、剪刀

步驟

1. 奶油抹平刀取一些奶油霜平均抹在杯子蛋糕表面，讓奶油霜形成圓弧狀放入冰箱備用。
2. 白色翻糖擀平，用圓切模切出圓形底並鋪到杯子蛋糕上。
3. 粉紅翻糖擀平，用雕塑刀各切出兩條（長 11cm、寬 5cm）、兩條（長 8cm、寬 2cm）、一條（長 4cm、寬 3cm）的長條形狀。
4. 取一條 11cm 的翻糖，對折並在尾端捏出一些摺痕（另一條作法亦相同）。
5. 將做好的翻糖組合成蝴蝶結。
6. 取 4cm 翻糖，兩側往內摺 0.3cm。
7. 翻糖翻過來，在中間製造些摺痕，將它包覆在蝴蝶結中間。
8. 將兩條 8cm 翻糖放到蝴蝶結下方，用剪刀剪出尖尖的魚尾巴即完成。

背面

奶嘴杯子蛋糕

位於左頁照片前方的這款杯子蛋糕，蝴蝶結的製作方式與上一款相同，
只是杯子蛋糕表面改抹奶油。
接下來，我們將介紹奶嘴造型的製作方法。

背面

材料

杯子蛋糕、奶油霜、翻糖（藍）

工具

擀麵棍、圓切模（直徑 4cm）、雕塑刀、剪刀

步驟

① 在杯子蛋糕上擠上奶油。

② 藍色翻糖擀平，用圓切摸切出一片圓片，並將兩邊稍微往
上翻。

③ 用藍色翻糖搓一個 2.5cm 橢圓形，一端用刀尖搓個小洞，
另一端用剪刀剪平，剪平那面黏合在圓片中間。

④ 藍色翻糖搓成長條，形成 U 形，擺在圓片另一面。

⑤ 將奶嘴放到奶油上即完成。

緞帶花杯子蛋糕

什麼！杯子蛋糕也能擺上喜氣洋洋的鮮紅緞帶，
更重要的是，這緞帶還蠻好吃的～不僅造型討喜，
而且製作方式非常簡單，三兩下就可以完成囉！

杯子蛋糕、奶油霜、翻糖（白、紅）

工具

擀麵棍、圓切模（直徑 6cm）、雕塑刀、剪刀

步驟

1. 白色翻糖擀平，用圓切模切圓形底備用。

2. 紅色翻糖擀平，切五條（長 6cm、寬 1.5cm）及一條（長 3cm、寬 1.5cm）的長條。

3. 將 3cm 長條翻糖頭尾相連接成圓形。

4. 拿一條 6cm 長條翻糖頭尾對折，並且在尾端折出一些折痕（其他五條作法相同）。

5. 將做好的五條長緞帶放射狀擺在白色翻糖上。

6. 最後，將圓形翻糖擺在五條緞帶中心即完成。

雜貨點點風杯子蛋糕

粉紅圓點點綴在淺咖啡色的杯子蛋糕表面，不經意地擺上兩條交錯的長條翻糖，
營造出禮物包裝的細膩感，最後運用立體蝴蝶結畫龍點睛，
帶點雜貨風格且典雅的杯子蛋糕於焉成形。

材料

杯子蛋糕、奶油霜、翻糖（白、粉紅、咖啡）

工具

奶油抹平刀、擀麵棍、圓切模（直徑 7cm）、雕塑刀

步驟

1 奶油抹平刀取一些奶油霜抹在蛋糕表面上，讓奶油霜形成圓弧狀，放入冰箱備用。

2 咖啡色翻糖擀平，使用圓切模切出圓形底，鋪到杯子蛋糕上。

3 粉紅色翻糖擀平，切成長條形。

4 兩片粉紅色翻糖交叉擺在咖啡色翻糖上。

5 加上蝴蝶結。

6 最後，裝飾粉色點點即完成。

小公主杯子蛋糕

栩栩如生的小公主站在杯子蛋糕上，畫面真是可愛極了！
整齊的黑直髮、細部的五官設計，
就連裙襬底下還貼心地做出了白花邊襯裙，十足的公主風。

杯子蛋糕、奶油霜、翻糖（白、紅、橘、
黃、黑）

奶油抹平刀、擀麵棍、雕塑刀、剪刀、
花朵切模、花邊切模（直徑 3cm、直徑
6cm）、棒棒糖棍

1. 黃色翻糖擀平，用花邊切模切出花邊底備用。

2. 白色翻糖擀平，用直徑 3cm 的花邊切模與花朵切模切出圓片備用。

3. 紅色翻糖搓成水滴狀，用剪刀剪掉較寬部分，在中間插入一根棒棒糖棍。

4. 將 3 放在 2 的花邊圓片上。

5. 將白色花朵切片放到 4 上方。

6. 膚色翻糖搓成兩條長橢圓形，按照 5 兩側做成雙手。

7. 膚色翻糖搓成圓形，插到棒棒糖棍上。

8. 黑色翻糖擀平，用雕塑刀畫出規律線條，再分別切成 2mm 長條，貼在膚色翻糖上做出自己想要的髮型。

9. 粉紅色翻糖做出皇冠，並且放到小公主頭上。

10. 最後，裝飾五官即完成。

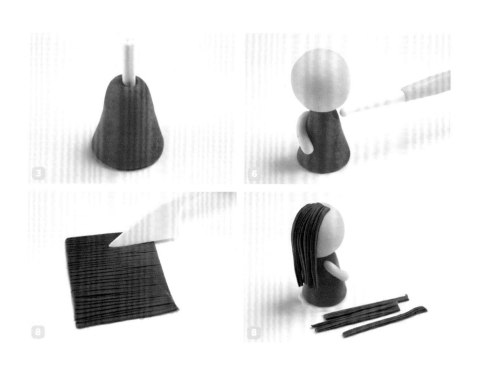

皇冠杯子蛋糕

如果覺得前一款的小公主杯子蛋糕太可愛了，捨不得將它吃掉，
或許可以試做這款皇冠造型杯子蛋糕。
製作方式完全不具難度，成就感十足喔！

材料

杯子蛋糕、奶油霜、翻糖（白、粉紅）

工具

奶油抹平刀、擀麵棍、雕塑刀、剪刀、圓切模（直徑 7cm）

步驟

1. 奶油抹平刀取一些奶油霜抹在蛋糕表面上，讓奶油霜形成圓弧狀，放入冰箱備用。
2. 白色翻糖擀平，用圓切模切出圓形底鋪到蛋糕上。
3. 粉紅翻糖擀平，用雕塑刀切出一條寬 4cm 的長條形狀。
4. 長形翻糖繞成一個圓圈後結合。
5. 用剪刀剪出皇冠的形狀。
6. 粉紅色圓珠裝飾皇冠的尖端。
7. 將皇冠放到白色翻糖上即完成。

聖誕節杯子蛋糕

一提到聖誕節，腦中聯想到的畫面想必是聖誕樹與雪人，
紅配綠的經典聖誕配色。
這一次，就讓我們大膽套用在杯子蛋糕上吧！

材料

杯子蛋糕、奶油霜、翻糖（白、橘、紅、綠、黃、黑、咖啡）

工具

擀麵棍、星星壓模、圓切模（直徑 4cm、直徑 6cm）

雪人步驟

1. 紅色翻糖擀平，用直徑 6cm 圓切模切圓形底備用。
2. 白色翻糖擀平，用直徑 4cm 圓切模成圓形，並且用刀切掉 1/3 面積。
3. 綠色翻糖擀平，用直徑 4cm 圓切模成圓形，並且用刀切掉 2/5 面積。
4. 輕輕在綠色翻糖平口處劃一刀，在邊緣縱向輕壓出毛帽的反摺感。
5. 綠色翻糖搓小圓球，用刀尖輕壓出毛球感。
6. 將綠色毛帽放置雪人頭上。
7. 最後裝飾五官即可。

聖誕樹步驟

1. 紅色翻糖擀平，用直徑 6cm 圓切模切圓形底備用（綠色翻糖的作法相同）。
2. 綠色翻糖切出聖誕樹形狀備用。
3. 咖啡色翻糖擀平，切出正方形放到聖誕樹下方。
4. 將聖誕樹放置紅色圓片上。
5. 最後裝飾彩色點點及星星即完成。

六吋生日蛋糕

看完前面介紹的杯子蛋糕，如果也想嘗試看看六吋蛋糕的製作，不妨參考這一篇吧！
只要準備好基本的蛋糕本體，接下來依照以下步驟進行翻糖裝飾，
同樣在家就可以做出精緻可愛的生日蛋糕喔！

材料

六吋蛋糕、奶油霜（原味、巧克力）、翻糖（白、紅、紫、綠、藍）

工具

奶油抹平刀、擀麵棍、整平器、雕塑刀、剪刀、英文字模、數字模、花朵切模、棒棒糖棍

蛋糕步驟

1. 蛋糕切片抹上巧克力奶油夾層。
2. 將原味奶油均勻塗抹在蛋糕表面。
3. 粉紅翻糖擀平成一大片圓形，覆蓋在蛋糕上。
4. 切掉多餘的翻糖，用整平器平順蛋糕表面及四周。
5. 白色翻糖擀平，切出一條長 50cm、寬 3cm 的長條形，圍繞在蛋糕底部。
6. 紫色翻糖擀平，用英文字模切出 R，棒棒糖棍插入固定中心點（其他三個字母 U、B、Y 作法相同）。
7. 白色翻糖擀平，用數字模切出 1，棒棒糖棍插入固定中心點。
8. 粉紅翻糖用花朵切模切出所需要的花瓣，放到數字 1 右上。
9. 用粉紅、紅點裝飾數字 1。
10. 將數字 1、英文 RUBY 插入蛋糕裡。
11. 最後，在蛋糕側邊點綴白、粉紅點點，將大蝴蝶結擺在緞帶上即完成。

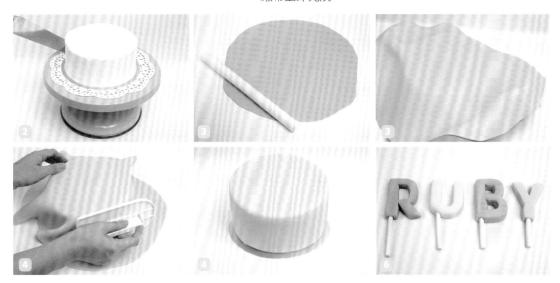

Column
MooQ Cupcake

12個原味杯子蛋糕的作法

我們要在這裡示範杯子蛋糕的作法！剛開始製作杯子蛋糕時，總因為杯子蛋糕放隔夜或冰過之後口感不佳，而感到苦惱，後來自行研發出以下的配方，不僅可以避免杯子蛋糕不耐久放的問題，同時一次的分量可以製作出 12 個杯子蛋糕喔！

 材料

奶油 180g、蛋 180g、糖 180g、鹽少許、低筋麵粉 180g

1 烤箱預熱上下火 180 度。

2 奶油放置軟化備用（手指輕碰即呈凹陷程度）、低筋麵粉過篩備用。

3 加 1/3 糖與軟化後的奶油一起打發。

4 等奶油變白後再加 1/3 糖，奶油體積膨脹一倍後再加 1/3 糖。

5 加 1/3 蛋液進入奶油裡。

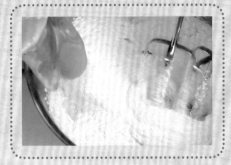

6 攪拌至沒有蛋液後再加 1/3 蛋進入，充分混合後再將最後 1/3 蛋加入。

7 一次倒入所有低筋麵粉，快速輕盈地由底部往上攪拌至看不見粉即可。

注意：過度攪拌會使麵粉產生筋性影響口感。

8 將麵糊裝入紙杯裡，約 8 分滿（進烤箱前在桌上敲幾下敲出較大的氣泡）。

9 放入已經預熱到 180 度 C 的烤箱中烘烤 22 分鐘即可。

10 烘烤時間完成用竹籤插入中心沒有沾黏就可以出爐，若有沾黏再烤 2-3 分鐘。

11 趁熱在蛋糕表面刷上一層蘭姆酒再於室溫放涼即可。

六吋蛋糕的作法

 材料

奶油 450g、蛋 450g、糖 450g、鹽少許、低筋麵粉 450g

1 烤箱預熱上下火 180 度。

2 首先奶油放置軟化備用（手指輕碰即凹陷程度）、低筋麵粉過篩備用。

3 加 1/3 糖與軟化後的奶油一起打發。

4 等奶油變白後再加 1/3 糖，奶油體積膨脹一倍後再加 1/3 糖。

5 加 1/3 蛋液進入奶油裡攪拌至沒有蛋液後再加 1/3 蛋進入，充分混合後再將最後 1/3 蛋加入。

6 加 1/3 牛奶進入蛋糊裡攪拌至沒有牛奶後再加 1/3 牛奶進入，充分混合後再將最後 1/3 牛奶加入。

7 一次倒入所有低粉，快速輕盈地由底部往上攪拌至看不見粉即可。

注意：過度攪拌會使麵粉產生筋性影響口感。

8 將攪拌好的麵糊倒入六吋模中，表面用橡皮刮刀抹平整。

9 進烤箱前在桌上敲幾下敲出較大的氣泡，放入已經預熱到 180 度 C 的烤箱中烘烤 35 分鐘。

10 烘烤時間完成用竹籤插入中心沒有沾黏就可以出爐，若有沾黏再烤 2~3 分鐘。

11 趁熱在蛋糕表面刷上一層蘭姆酒再於室溫放涼即可。

 Note

在外層均勻抹上奶油之後，就成為奶油蛋糕囉！

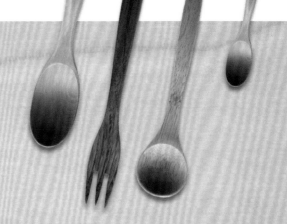

蛋白奶油霜的作法

義大利蛋白奶油霜比傳統純奶油做的奶油霜更清爽不膩，關鍵在於糖漿的掌控，吃進嘴裡入口即化，口感輕柔綿密

 材料

A. 蛋 4 顆（室溫）、細砂糖 16g

B. 清水 20g、細砂糖 70g

C. 無鹽奶油 220g
（放置到室溫程度）

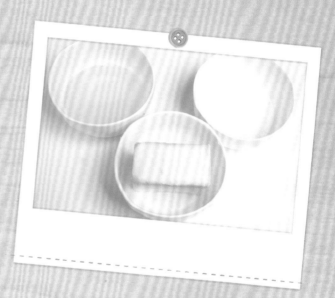

1 將蛋黃蛋白分開，只取蛋白（蛋白不可沾到蛋黃、水份及油脂）。

2 蛋白先用打蛋器打出泡沫，然後加入 1/2 細砂糖用中速攪打。待泡沫開始變細緻時，就將剩下的細砂糖加入，速度可以調整為高速。將蛋白打到拿起打蛋器尾巴呈現彎曲的狀態即可（濕性發泡）。

3 另一邊將 2 材料中的清水加到細砂糖中，煮沸到 117 度。

4 一邊高速攪打蛋白霜，一邊將煮好的糖漿以拉線狀般慢慢倒入蛋白霜中。

6 放置一下讓蛋白霜冷卻至約 35 度，將放置到室溫程度的 C 材料無鹽奶油加入再攪拌均勻即完成。

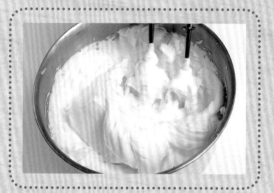

注意：蛋白霜溫度太高會將無鹽奶油融化成為液狀，使得成品失敗。

5 將蛋白霜打到拿起打蛋器尾巴呈現挺立有光澤的狀態即可。

注意：一次倒入大量糖漿會導致蛋白霜凝結不均勻。

四種內餡口味

做好的義大利蛋白奶油霜可以添加可可粉、抹茶粉或是果醬等等，就可以有不同的風味喔！

① Oreo 內餡：oreo 餅乾碎片 15g ＋義大利蛋白奶油霜 100g

② 抹茶內餡：抹茶粉 20g ＋義大利蛋白奶油霜 100g

③ 可可內餡：可可粉 25g ＋義大利蛋白奶油霜 100g

④ 果醬內餡：草莓果醬 20g ＋義大利蛋白奶油霜 100g

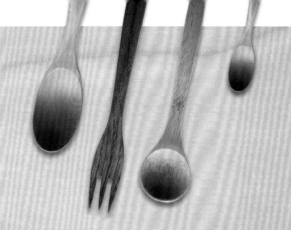

杯子蛋糕表皮花樣

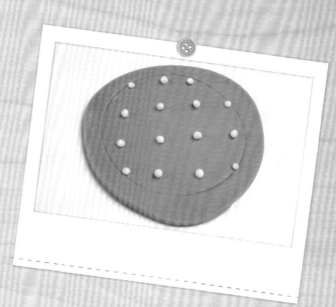

點點

粉紅色翻糖擀平,用圓切模輕壓出
痕跡,在範圍內隨意加上白色點點。

利用刀背將點點壓平,這
樣點點樣式就完成囉!

線條

藍色翻糖擀平，用圓切模切出圓底，再將白色翻糖擀平用刀切出四條長條樣式，最後擺在藍色圓底上就完成囉！

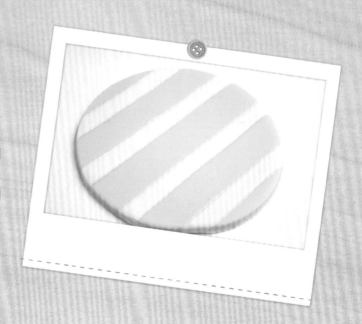

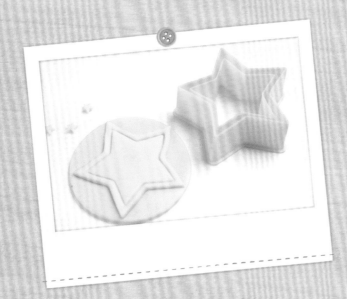

星 星

藍色翻糖擀平，用圓切模切出圓底，再擀出黃色翻糖並用大的星星切模切出星星形狀，擺在藍底上，最後用小的星星切模在大的星星上輕壓出形狀，這樣就完成囉！

草皮

綠色翻糖擀平,用圓切模切出圓底,再用剪刀剪出草皮狀,小草地就完成囉!

蕾絲

白色翻糖擀平,用花編切模切出花邊底,再利用尖頭刀在花邊周圍搓出小洞就完成囉!

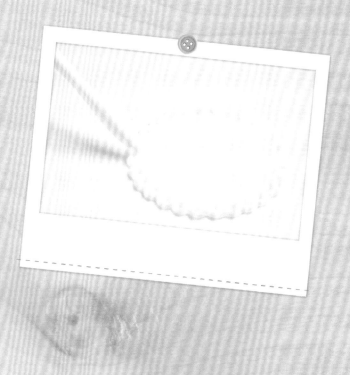

藤蔓

利用翻糖的延展性搓出
細長條形,隨意排出想
要的形狀。

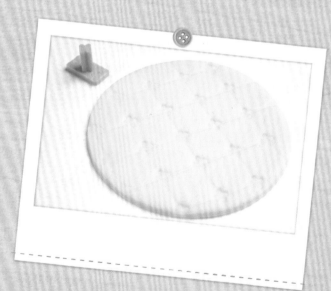

菱格

黃色翻糖擀平,用圓切模切出
圓底,再用刀輕劃出菱格紋,
最後每個菱格交叉點輕壓十字
形狀就完成囉!

Column
MooQ Cupcake

常用器材介紹

♥ 翻糖壓花滾輪

♥ 調色盤（使成品乾燥後塑型用）

♥ 各式花嘴

♥ 各式烘培紙杯

♥ 食用色粉

♥ 小剪刀

♥ 食用糖飾

♥ 各式造型切模

♥ 食用色膏

♥ 進口翻糖

它是種具可塑性的裝飾材料，吃起來口感相當地甜，由英文「Fondant」轉譯而來。性質與中國傳統的捏麵人麵糰相似，有極高的延展性，用來覆蓋於蛋糕表面上達到造型及裝飾點綴的效果，製作上需要用到許多工具去修飾成形。

♥ 各式餅乾切模   ### ♥ 各式彈簧壓模   ### ♥ 雕塑刀

  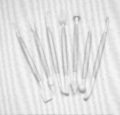

PART 2
MooQ 的創業足跡

從上班族直到決定自行創業，從實體攤位轉到網路市場，
MooQcupcake 的發跡與發展歷程，都在這一章中與你分享。
創業固然帶來了些許壓力與未知，但是，能夠為自己的興趣
與理想奮鬥，這是最重要也最令人甘之如飴的。

創業的契機

　　從小，廚房就是我最喜歡的小天地，每次都會窩在廚房裡流連忘返，節日也會做些小蛋糕、小餅乾送給親朋好友品嚐。還記得高中時期，有位外號「蟑螂」的老師生日，我特地熬夜做了一個蟑螂造型蛋糕送給他，結果把大家嚇了好大一跳呢！

　　大學畢業後，我在設計公司任職了幾年。由於設計工作需要閱讀大量國內外資訊尋求創作靈感，某次因緣際會之下，看到了國外的杯子蛋糕照片，當下我覺得杯子蛋糕實在太可愛了，小小一個蛋糕卻保有非常大的空間可發揮創意！當時，杯子蛋糕在台灣還不盛行，於是我決定將這個可愛的小東西在台灣發光發熱，因此一頭栽進了烘培世界。

　　確定踏入杯子蛋糕這個領域後，我透過網路找到幾個蛋糕製作的課程進修，例如救國團以及個人工作室，每週上課四天，每次課程大約四到五個小時左右。上課時老師會準備講義、器材與食材，帶著同學們一起動手做，完成之後還能帶著自己的成品回家與家人分享。除了專心上課、複習課程內容之外，我還會找各類蛋糕食譜試做看看，研究味道是否符合大眾口味。

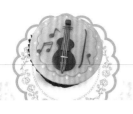

擺攤甘苦談

當時杯子蛋糕在台灣並不流行，一開始是在家人的建議下，先在台北公館擺攤試試水溫，看看市場的接受度如何。因為沒什麼資本，我只能發揮原有的設計專長，用心設計餐車造型，希望營造出又可愛又具質感的小攤位，叫賣最基本的奶油擠花杯子蛋糕。

開始擺攤後，每天早上六、七點起床，到果菜市場採買新鮮水果，回家後開始用一台小烤箱和攪拌機烘焙蛋糕、製作奶油等等前置作業，準備下午擺攤需要的物品。小烤箱一次只能烤 30 個蛋糕，一天最多只能生產 250 個杯子蛋糕，東西準備完畢後，來回騎著機車將一箱箱杯子蛋糕載去擺攤，從下午三點擺到晚上十點多，收攤回家後接著清洗用具及練習翻糖製作。

在這過程中，奶油怕冷又怕熱、嬌生慣養的個性最使我頭疼。平常我會準備保冷箱，在裡面放一些保冷劑，確保奶油在高溫下不至於過於軟化。不過，一旦氣溫低於 17 度的時候，就只好面對現實店休了（攤手）。

也因為擺攤的緣故，我可以直接與客人互動，知道他們最直接的反應，而客人也會時常給予很好的建議。還記得某次假日，有位爸爸帶著一家四口騎單車出遊，到公館意外發現可愛的 MooQ 小攤子，女兒們一看到杯子蛋糕就吵著要吃，於是買了四個，剛好一人一個用手端著吃，小女兒吃

了一口後，將雙手擺在下巴發出「哇～！」的讚嘆聲，還直說「好幸福　喔！！！」當我看到這一幕時，眼淚都快奪眶而出了，心情也感到相當安慰！之後他們便常常來光顧，連正在減肥的媽媽一次都要吃上兩個，才能感到滿足。

還有一次有個外國人前來光顧，他吃完奶油口味的杯子蛋糕後，又欲罷不能的點了另外兩種口味，邊吃邊點頭。他問我有沒有去過紐約？是否吃過紐約有家很有名的杯子蛋糕？因為他說 MooQ 的杯子蛋糕就跟那間名店一樣地美味！喔～這又一則令人落淚的例子了。

在公館擺攤經過一段時間後，我試著將造型杯子蛋糕作品放在 Facebook 粉絲專頁上，沒想到有位客人看了之後畫一張草圖給我，請我幫他製作造型杯子蛋糕，我心想：太棒了，這就是我想做的！而且應該沒什麼問題！於是展開了客製化造型杯子蛋糕這項工作。

接下來，我開始把客製化杯子蛋糕作品放到網路上販售，客製化的造型贏得了客人讚美，也得到許多客人的大力支持與宣傳，幾個月後，訂單越來越多，有時甚至根本沒有時間去公館擺攤，因此陷入兩難的情況。考量到客製化訂單量日益成長，後來漸漸高於擺攤的收益，家人也支持我們朝客製化發展，評估衡量之後決定放棄實體攤位，轉戰網路市場。

轉型網路工作室

轉為網路工作室之後,剛開始幾乎一天24小時、全年無休地處理客人的問題,就算是三更半夜的來電也會接,甚至凌晨兩、三點還在跟客人溝通訂單內容。後來覺得這並非長久之計,於是制定營業時間從早上十點半到晚上八點,幸好客人也都能尊重我們的決定並配合。

至於與客人一來一往的溝通方式,MooQ 主要透過 e-mail 討論客製內容,考量到口頭論述可能不夠精準,而且也容易產生誤解。通常先請客人將他們的需求詳細列在信件中,MooQ 收到訂單內容後,再加以評估是否可以製作,或是該如何進行製作。而且目前我們已累積了不少作品,通常許多客人都會直接使用我們曾做過的圖樣進一步修改內容;若是全新未製作過的客製化商品,我們則會請客人提供想法或圖片以供參考。

一旦客人下單,MooQ 就得使命必達,這是我們的最高宗旨!很少遇到無法取得共識的 case,若是遇到無法製作或製作上有困難的情形,一定會與客人先充分溝通,尋求解決方式或是替代方案。

客人提出的種種需求或構想,絕對是促使 MooQ 創作源源不絕新樣式的動力來源。挑戰促使我們茁壯,因此要感謝每一位願意相信我們的客人!曾經有要舉辦婚宴的客人,為了鼓勵賓客不要吃魚翅,因此訂做一系列與鯊魚相關的杯子蛋糕。也

曾遇過婚禮新人把在國外求學過程中遇到的每個景點，製作成一幅幅風景名勝主題的杯子蛋糕，這些加入故事元素的杯子蛋糕，其所代表的意義又更非凡了。此外，也有客人為了準備求婚，請我們設計鑽戒款式的杯子蛋糕；又或是受到偶像劇李大仁的影響，於是請我們設計方頭獅的款式，更是讓幸運的 MooQ 一起分享了他們的幸福。

除了前面提到的客製化訂單外，MooQ 也曾經接過許多大量訂單，只能說，商業大量訂單真是一種自我的挑戰！事前的準備與溝通一定要充足，所以也需要較長的時間來討論。在這過程中，客戶的計畫修改與變更設計，或是訂購數量的調整等等，這些變數都有可能發生，除了要以平常心面對外，就是要拿出奮鬥的精神與毅力，因為完成大量訂單之後的成就感是無可比擬的。

在這一本書中，讀者可以學到許多 招牌杯子蛋糕的製作方法，希望杯子蛋糕能帶給大家歡樂與幸福的感覺，甚至讀者自己也可以研發出更多的創意設計，正如一開始杯子蛋糕帶給我的第一印象。而 MooQcupcake 慢慢地想朝更精緻、更成熟的路線邁進，當然，可愛還是必要的前提囉，也希望大家今後能夠繼續給予支持與指教！

商業大量訂單資歷

科技	ACER、SanDisk、精技電腦、聯想、德州儀器工業	媒體	聯合報、民視
汽車	BENZ、AUDI	雜誌	ELLE
精品	CHLOE、YSL、MARC JACOBS、OMEGA	建設	阿曼開發
服飾	FAVVI、TOMMY HILFIGER、NINE WEST	銀行	澳盛銀行、富邦銀行、星展銀行、永豐銀行
搜尋引擎	YAHOO!	紙業	Double A
運輸	WAN HAI、華航	餐飲	JOYS、Harvest
直銷	HERBALIFE	保險	全球人壽、台名保經
旅遊	雄獅旅行社	家電	BOSCH
藥廠	MSD默沙東	食品	味全、雀巢
流行	KINAZ、RODY	美妝	KIEHL'S、寵愛之名、巴黎萊雅
運動	NIKE	建設	國產實業
軟體	EVERNOTE	醫療	萬芳醫院

另有些公關公司與婚顧公司等。

MooQcupcake 常見 Q&A

Q MooQcupcake 有店面嗎？可以到現場購買嗎？

A MooQ 目前為網路工作室，沒有實體店面。工作室每天為預訂客人製作蛋糕，製作完成隨即出貨，所以工作室內並不會有現成蛋糕提供客人購買，所有產品皆需提前來信預購唷！

Q 杯子蛋糕包裝有水晶杯與禮盒嗎？

A 每個蛋糕出貨時都會罩上透明水晶杯，不需另外支付費用。客製化訂單出貨皆以禮盒包裝。

Q 杯子蛋糕報價是否有目錄可供參考？

A 官網上有 DM 目錄提供客人基本價位參考，造型杯子蛋糕會依照不同複雜程度調整收費，所以沒有統一的制式報價單！我們製作完成出貨的產品都會拍照放在我們的官網上，也可以提供客人參考。

Q 訂購杯子蛋糕需要提前多久訂？

A 造型杯子蛋糕在製作上費時費工，而且溝通客製需求也需要一些時間，我們建議訂單至少於兩週前下訂（但不能保證提前兩週就一定能訂到喔）！若是婚禮、企業活動、特殊節慶，則需要更早訂購唷！

Q 蛋糕可以宅配或是面交嗎？

A 杯子蛋糕出貨都會以水晶杯保護，提供面交、低溫宅配或計程車運送之方案，我們無法確保蛋糕到貨時之完整性，此風險需由訂購人自行承擔蛋糕毀損之風險喲！
吋蛋糕因為無法確保宅配運送過程的安全與完整，我們不希望客人承擔這樣的風險，所以只提供面交出貨，請大家見諒！

Q 蛋糕可以保存多久呢？奶油款式會不會不好保存與變形？

A 室內常溫可以放置半天；若是果醬、紅豆、卡士達等不耐久放之內餡，常溫可放兩小時（請放置陰涼處，不可受陽光直接日照），隔夜則需要低溫冷藏！奶油類型的杯子蛋糕退冰後，奶油不會溶化而是呈現柔軟滑嫩的狀態。退冰後請盡量不要將蛋糕上下倒置或大力晃動，以免奶油變形！

Q 蛋糕會不會很甜？

A MooQ 獨家配方使用海藻糖、上白糖與砂糖等混搭出最好的糖比例，讓蛋糕紮實綿密、濕潤不甜膩，就算是不愛吃甜食的朋友們也不會覺得太甜唷！蛋糕冷藏過後，直接食用會覺得口感有點乾硬，只要食用前將蛋糕放置室溫回溫或稍微微波，也可以用烤箱加熱，口感就會變得濕潤。
蛋糕內餡使用義式奶油蛋白霜，此款奶油霜質地細緻、吃起來口感清爽不膩，比較不會有鮮奶油需要保持低溫冷藏的問題，適合存放在室溫環境。
翻糖造型蛋糕口感會稍甜一些，翻糖是種具可塑性的食用裝飾材料，因使用全糖粉製作，所以吃起來口感相當甜，而且甜度也無法調整，不嗜甜的朋友可以在食用前將翻糖取下，單吃蛋糕就不會覺得那麼甜囉。

Q 如何討論訂購專屬的蛋糕呢？

A 請來信提供您的想法、參考元素、圖片、文字、連結等資訊，越詳細越好！寄到 thecatmok@msn.com，收到信件後，我們會與您討論製作方向與蛋糕設計，並報價給您！

Q 蛋糕上的糖偶可以保存嗎？

A 翻糖最怕潮濕高溫，造型物若不食用可取下，放置於防潮箱或冷凍保存紀念（保存後不建議再食用）。

PART 3
感動小故事

在這一章中，希望與你分享更多屬於 MooQcupcake 的創意
巧思，舉凡彌月、生日、紀念日與婚禮等等，透過與客人之
間的情感交流、互動，我們不僅完成了一件件的訂單，同時
也幸運地見證了每一位客人的幸福故事。

彌月／抓周蛋糕

抓周是一種小孩周歲時，預卜嬰兒未來可能從事的行業或愛好的習俗，
取六六大順的吉祥之意，抓周物品樣數會是 6 的倍數，例如 12。

傳統上常用物品有筆、墨、紙、硯、算盤、錢幣、書籍等，現在許多爸爸
媽媽喜歡以杯子蛋糕代替傳統抓周物品，使用杯子蛋糕抓周，儀式結束馬
上就可以跟親友們一起分食，好玩又好吃！

在蛋糕上擺放蠟燭慶生的習俗，源於希臘人。點燃生日蠟燭，是向過生日的孩子表示敬意，能為孩子帶來好運唷！道賀與祝福都是不可或缺的環節，這個習俗來自於神秘古老魔法，生日賀詞能夠給人帶來好運，所以我們很習慣在生日許願說些祝福的話語。也讓 MooQ 為你變出一個魔法蛋糕吧！

慶生會蛋糕

很多媽咪會訂購杯子蛋糕，讓寶貝帶到學校與同學一起慶生，因為擔心翻糖蛋糕太甜及預算考量，希望我們幫忙製作可愛又好吃的杯子蛋糕。

左思右想，不如來做奶油糖片杯子蛋糕吧！杯子蛋糕填入內餡、擠上奶油花，奶油上可擺放各式各樣的圖案，不只好看還很好吃！

婚禮蛋糕

除了鮮花，我們也大量運用豆沙花、翻糖花製作婚禮蛋糕，不同材質呈現出不同風格。鮮花盛開張揚美好，但轉瞬即逝。翻糖花卻做到了將這份美好留存，讓美好不再凋謝。

H 小姐偏好翻糖花所呈現的感覺，客訂五層翻糖花婚禮蛋糕，花瓣的顏色和樣式，完全依照 H 小姐的喜好製作，打造出獨一無二、專屬於他們倆的婚禮蛋糕。

聖誕節蛋糕

從美國回來的 L，非常懷念在美國品嚐杯子蛋糕的日子，聖誕節剛好有朋友帶小孩來台灣找她玩，希望我們能幫忙製作一些蛋糕招待客人。

我們幫她設計了六吋蛋糕與一些卡通杯子蛋糕，大小朋友們都非常喜歡，L 也因此過了一個很愉快的聖誕節 ^^

 翻糖蛋糕慶生

現在使用翻糖造型蛋糕慶生已是流行趨勢，
各式各樣的主題與創意都可以發揮在蛋糕上！

1 | 2

① 堆疊大、中、小三種尺寸的柴犬，讓可愛度倍增。

② 圓形蕾絲紙和蛋糕架，都是很便利的小道具。

店名	地址	電話
日光烘焙	台北市信義區莊敬路341巷19號	02-8780-2469
安欣食品原料行	新北市中和區連城路389巷12號	02-2225-0018
全成功公司	新北市板橋區互助街20號	02-2255-9482
崑龍食品公司	新北市三重區永福街242號	02-2287-6020
愛焙 烘焙材料行	新北市板橋區莒光路103號	02-2250-9376
正大烘焙器具	台北市康定路3號	02-2311-0991
果生堂	台北市龍江路429巷8號	02-2502-1619
樂朋烘焙教室	台北市中正區和平西路一段126號	02-2368-9058
洪春梅 實業有限公司	台北市民生西路389號	02-2553-3859
全鴻烘焙材料行	台北市信義區忠孝東路五段743巷27號	02-8785-9113
日光烘焙材料 專門店	台北市信義區莊敬路341巷19號	02-8780-2469
馥品屋	新北市樹林區大安路173號	02-8675-1687
大家發烘焙食品 原料量販店	新北市板橋區三民路一段101號	02-8953-9111
嘉順烘焙材料	台北市內湖區五分街25號	02-2632-9999
全家烘焙材料行	新北市中和區景安路90號1樓 台北市羅斯福路五段218巷36號	02-2245-0396 02-2932-0405
義興烘焙材料行	台北市富錦街574號	02-2760-8115

價格實在

烘培模具
種類多

規模較大

店名	地址	電話
申崧食品公司	台北市延壽街402巷2弄13號	02-2769-7251
得宏食品原料行	台北市南港區研究院路一段96號	02-2783-4843
飛訊烘焙材料行	台北市士林區承德路四段277巷83號	02-2883-0000
大億食品原料行	台北市士林區大南路434號	02-2883-8158
佳佳烘焙材料行	新北市新店區三民路88號	02-2918-6456
快樂媽媽烘培食材	新北市三重區永福街242號	02-2287-6020
旺達食品行	新北市板橋區信義路165號1F	02-2952-0808

相關工具
較齊全

【自慢廚房】2AB815X

超可愛！杯子蛋糕甜蜜手作書【暢銷新版】

作　者	黃婉婷
特約攝影	廖偉程（PART 1 作品與步驟拍攝）
攝影助理	鐘若芸
責任編輯	鄭悅君、曾曉玲
美術編輯	江麗姿
版面構成	張哲榮
封面設計	韓衣非
行銷企畫	辛政遠、楊惠潔
總編輯	姚蜀芸
社　長	吳濱伶
發行人	何飛鵬
出　版	創意市集
發　行	城邦文化事業股份有限公司
	歡迎光臨城邦讀書花園
	網址：www.cite.com.tw

版權聲明　本著作未經公司同意，不得以任何方式重製、轉載、散佈、變更全部或部分內容。

商標聲明　本書中所提及國內外公司之產品、商標名稱、網站畫面與圖片，其權利屬各該公司或作者所有，本書僅作介紹教學之用，絕無侵權意圖，特此聲明。

香港發行所　城邦（香港）出版集團有限公司
香港灣仔駱克道 193 號東超商業中心 1 樓
電話：(852)25086231
傳真：(852)25789337
E-mail：hkcite@biznetvigator.com

馬新發行所　城邦（馬新）出版集團
Cite (M) Sdn Bhd
41, Jalan Radin Anum, Bandar Baru Sri Petaling, 57000 Kuala Lumpur, Malaysia.
電話：(603) 90578822
傳真：(603) 90576622
E-mail：cite@cite.com.my

製版印刷　凱林彩印股份有限公司
二版一刷　2019（民108）年7月
471-770-209-659-5
定　價　300元

國家圖書館出版品預行編目資料

超可愛！杯子蛋糕甜蜜手作書〔暢銷新版〕/ 黃婉婷　著．-- 初版 -- 臺北市：創意市集出版： 城邦文化發行， 民108.07
　　面；　公分
　ISBN　978-986-6009-30-3（平裝）
1. 點心食譜
427.16　　　　　　　　　　101016336

憑此優惠券
現折 **50** 元

優惠期限：2019.7.1 ～ 2020.12.31
使用方式：請將此優惠券剪下寄回，並請註明您的訂購帳號、聯絡方式。

郵寄地址：新北市中和區景平路 385 巷 9 弄 7 號
連絡電話：(02)2246-5093
收件人：MooQcupcake 收

＊此優惠券影印、列印無效。
＊訂購時請提前告知持有優惠券。
＊每張優惠券限單筆消費使用，不得與其他優惠併用。
＊優惠若有異動，以官網公布為主。

憑此優惠券
現折 **50** 元

優惠期限：2019.7.1 ～ 2020.12.31
使用方式：請將此優惠券剪下寄回，並請註明您的訂購帳號、聯絡方式。

郵寄地址：新北市中和區景平路 385 巷 9 弄 7 號
連絡電話：(02)2246-5093
收件人：MooQcupcake 收

＊此優惠券影印、列印無效。
＊訂購時請提前告知持有優惠券。
＊每張優惠券限單筆消費使用，不得與其他優惠併用。
＊優惠若有異動，以官網公布為主。